이수연 카빙명인의

카빙 드로잉북

이수연 카빙명인의
카빙 드로잉북

초판인쇄 | 2019년 2월 10일
초판발행 | 2019년 2월 16일

지 은 이 | 이수연 · 박정우
펴 낸 이 | 고명흠
펴 낸 곳 | 푸른행복

출판등록 | 2010년 1월 22일 제312-2010-000007호
주　　소 | 경기도 고양시 덕양구 통일로 140(동산동)
　　　　　삼송테크노밸리 B동 329호
전　　화 | (02)356-8402 / FAX (02)356-8404
E-MAIL | bhappylove@daum.net
홈페이지 | www.munyei.com

ISBN 979-11-5637-099-4 (13590)

이수연 카빙명인의

카빙 드로잉북

이수연 · 박정우 공저

푸른행복

　　우리 한민족에게 음식은 특별한 존재였습니다. 단순히 한 끼 식사에 그치지 않고, 오랜 조상들의 생활이었고 삶이었으며 역사였다고 해도 조금도 지나침이 없습니다. 왜냐하면 우선 농사를 지을 수 있는 옥토가 많지 않았고, 풍수재해는 물론 한반도를 둘러싼 주변 강국들과의 민족의 생존 경쟁과 크고 작은 정변으로 식량은 늘 부족하였었기 때문일 것입니다. 오죽하면 요새로 같으면 "굿모닝! 안녕하세요?"에 해당하는 인사말의 첫 번째가 "진지 드셨어요?" 였을까요? 이 같은 인사는 생활에서도 철저하게 실천된 바, 밥 한 톨, 푸성귀 하나도 허투루 흘리거나 버리는 것은 불효를 저지르는 첫 번째 덕목으로 지적될 만큼 자식 교육 중에 가장 중시되었습니다. 덕분에 산업화가 되고 경제가 발전하여 먹거리가 풍성해진 요즈음에도 우리 국민들 마음속에 음식은 존중의 대상임을 느낍니다. 자연스럽게 찾는 음식점에서조차 음식을 남기는 행위는 은근히 죄의식으로 다가오는 것을 볼 때, 이러한 합의가 아직도 우리에게 남아 일종의 관습 같은 것이 되었다고 생각합니다.

　　언젠가부터 세계는 지구촌으로 다가오고 문화는 공유되며 과학 기술도 한 덩어리가 되어 동화되어 가고 있습니다. 즉 우리 문화는 어느덧 한류라는 이름으로 전 세계로 퍼져나가 세계인에 의하여 소비되고 다른 세상의 문화도 우리 생활에 젖어들고 있습니다. 그것들은 단순히 유행이라는 이름으로 쉽게 전파되기도 하지만, 진실로 가치가 있다고 판단될 때는 토착 문화와 결합하여 새로운 문화를 만들고 많은 사람들에게 용도에 맞게 쓰입니다.

　　카빙도 그러합니다. 일찍이 천여 년 전 태국과 중국에서 궁중 내지 특별한 계층의 집합소에 조그맣게 장소를 차지하며 분위기를 채우는 것으로 출발했지만, 거듭된 장인들의 솜씨는 그 비중을 키워갔고, 마침내는 문화의 한 장르로 발전하였다고 할 수 있을 것입니다. 창작하는 장인에게는 산업이 되었고, 보고 감상하는 사람들에게는 문화가 된 것이지요.

　　하지만 우리 대한민국에 와서는 달라진 것입니다. 왜냐하면 우리는 전 세계 어느 나라에서도 찾아보기 힘들 만큼 특별한 음식 문화가 있기 때문이지요. 우리는 매일 삼시 세끼 음식을 만드는 가정생활을 5천 년 넘게 해온 민족입니다. 즉 식재료를 매일 손쉽게 접하고 다루어 음식을 만들어왔던 준비된 카빙어들인 것이지요. 그래서인지 우리는 세계인들에 비해 특별한 손재주를 가지고 있음을 여러 분야에서 증명한 바 있습니다. 뒤늦게 도입되었음에도 불구하고 섬세한 손재주가 필요한 양궁이 그렇고 펜싱, 반도체 산업이 그러하다 합니다.

우리는 눈으로 보고 감상하는 데 그치지 않고 누구나 쉽게 오랫동안 보아온 재료들이기에 카빙을 통해 또 한 번 생산해낼 수 있는 후예들입니다. 그것은 정신 세계를 함양하는 생산품일 수 있고요. 자기완성을 통해 내면의 자신을 형상화할 수도 있다고 봅니다. 그것이 곧 문화 아니겠습니까? 한두 사람의 특별한 장인도 필요하지만, 누구나 쉽게 접할 수 있어 많은 소비자들이 같이할 때 명품이 나온다 합니다. 유달리 명품이 많은 나라 이태리가 그런 것같이 말입니다. 유리 산업, 의류 디자인, 가죽 제품 등 도시마다 명품이 있는 것이 참 인상적이지요?

카빙 분야도 이 나라에서 그렇게 되어지길 소망해봅니다. 하지만 우리나라에 도입된 카빙에 관한 안내서는 그런 면에서 많이 부족한 편입니다.

이번에 접한 《이수연 카빙명인의 카빙 드로잉북》은 그러한 카빙 문화에 입문하는 데 최고의 가이드북이라는 생각이 들어 추천합니다.

어린 학생들에게는 집중력을 키워서 창작의 희열을 가져올 수 있게 하여 자기 계발을 함양할 수 있는 카빙 입문 교과서로 채택할 수 있고 음식의 존귀함을 아시는 어르신들에게는 거부감 없이 잊어버린 손놀림을 통해 자기 정체성을 되찾을 수 있는 정신 함양 도서로 널리 쓰여졌으면 하는 바람입니다.

작가가 본문에 인용한 글이 가슴에 와닿아 가정의 장서로 구해 두고 틈틈이 보고 싶어졌습니다.

칸트는 '손은 바깥으로 드러난 또 하나의 두뇌'라고 말했다.
손에는 70%의 촉각세포와 모세혈관이 몰려 있고, 손에서부터 시작된 17,000개의 신경은 온몸으로 연결된다. 손은 뇌가 내리는 명령을 수행하는 운동기관이면서 뇌에 가장 많은 정보를 제공하는 감각기관이다.

민주평화당 대표
정 동 영

카빙(carving)의 사전적 정의는 '조각품, 새긴 무늬' 또는 '조각술'이다. 대상이 무엇이든 상관없이 자르는 것이기에, 재료가 무엇인가에 따라 다르게 표현될 수 있지만 새겨 넣는 무늬나 모양을 연출한다면 모두 카빙이라 할 수 있다.

그중에서도 푸드카빙은 음식을 화려하게 돋보이고자 하는 장식 기술로, 과일이나 채소 등의 음식 재료를 이용해서 다양한 모양을 만들어 완성된 요리와 함께 접시에 담아내는 일 또는 그 작품이라는 사전적인 의미를 가지고 있다.

카빙은 태국이나 중국에서 유래되었다. 태국에서는 주로 과일과 채소를 이용하여 카빙하였는데, 그 기원은 수코타이 왕조의 로이 끄라통 축제(Loi Krathong festival)라고 알려져 있다.

지금으로부터 거의 700년 전의 일이다. 로이 끄라통은 태국 달력의 열두 번째 달 보름 저녁에 열리는 민속 축제인데, 연꽃 모양으로 만든 배 '끄라통'에 불을 밝힌 초와 꽃, 동전 등을 싣고 강물에 흘려보내 물의 정령에게 감사하는 전통 행사를 할 때 꽃, 백조, 토끼 등 다양한 동물 모양을 조각한 것으로 장식하여 함께 흘려보냈다고 한다. 이것이 태국의 전국으로 퍼져 지금은 궁중요리나 손님 접대 음식에 장식으로 쓰이고 있다.

중국도 남송 시대부터 카빙이 시작되었다고 문헌에 기록되어 있다 하니, 그 역사가 매우 오래되었다.

카빙은 미술 치료와도 많은 연관성이 있다.

과일이나 채소를 이용하여 조각하므로 심리적, 정서적 갈등을 완화시켜 준다. 카빙 작품의 창작 활동을 통해 개인의 심리 상태나 정서 상태를 파악할 수 있으며, 심리·정서적 갈등관계에서 카빙 창작 활동을 통해 정신적 안정과 심리적 편안함을 얻을 수도 있다. 그러므로 초등학생과 중고등학생들이 흔히 가질 수 있는 불안한 자기감정이나 고독감을 창조적인 카빙 작품 활동을 통해 감소시킬 수 있다.

또한 조각도나 샤토나이프 등 도구를 사용하면서 소근육을 활성화하여 건강에도 도움을 준다. 그리고 평면적·입체적 표현을 함으로써 시각적 집중력과 발달을 도와주어 공간 지각 능력을 향상시킨다.

카빙은 창조성을 많이 표현하는 활동이다.

이는 자신만의 감정과 생활을 반영하는 비언어적 표현이 되기도 한다. 그래서 자신의 생각이나 느낌을 언어로 표현하기 어려울 때 완충제 역할을 하기도 한다.

집단으로 카빙 작품 활동을 하면서 소속감을 가지고 공동체의 어려움을 공유할 수도 있다.

각자 만든 카빙 작품을 서로 공유하고 관심을 가지면서 내면의 감정 변화에 따른 행동 변화에도 영향을 주어 원만한 대인관계를 형성할 수 있다. 협동 작품을 만드는 동안에는 협동의식의 발달과 소통의 기회도 제공해 준다.

카빙 창작 활동에는 창의성을 위한 뇌의 활동과 손동작을 하는 뇌의 작용을 자극하여 일깨우는 데 도움을 주는 효과도 있다.

기억력과 논리적, 사고력, 감정 및 욕구 조절을 담당하는 전두엽

운동 감각 능력(자세, 촉각, 시각), 공간 인지 기능, 계산 기능을 가진 두정엽

감각 기능, 언어 기능, 정서 기능, 기억 기능을 담당하는 측두엽

체성 감각을 인지하고 시공간을 파악하며 계산 기능을 하는 후두엽

칸트는 '손은 바깥으로 드러난 또 하나의 두뇌'라고 말했다.

손에는 70%의 촉각세포와 모세혈관이 몰려 있고, 손에서부터 시작된 17,000개의 신경은 온몸으로 연결된다. 손은 뇌가 내리는 명령을 수행하는 운동기관이면서 뇌에 가장 많은 정보를 제공하는 감각기관이다. 또 손을 사용하면 혈액순환에 도움이 된다.

카빙은 신체 기능을 향상시키면서 식생활의 발달에 따른 여러 여건을 충족시킬 수 있다.

외식문화의 변화에 따라 식재료로 만들어진 카빙을 접하면서 식문화의 만족도가 더욱 높아진다. 이렇게 카빙은 신체적·정신적·사회적 관계를 형성하고, 우리의 삶의 질을 높여주는 가교 역할을 할 수 있다.

2019년 2월

저자 대표

카빙도구

샤토나이프

채소를 조각하는 등 섬세한 재료 손질 작업을 할 때 유용한 필수 도구로, 카빙나이프 또는 카빙칼이라고도 한다. 연필을 잡듯이 엄지손가락과 가운뎃손가락을 이용하여 나이프를 잡고 넷째와 다섯째 손가락을 지지대로 이용한다.

조각도

다양한 모양과 효과를 낼 수 있는 유용한 도구이지만, 매우 날카롭고 위험하므로 사용 시 세심한 주의가 요구된다. 칼을 잡지 않는 손을 칼 잡은 손의 앞쪽에 놓으면 다칠 위험이 있으므로 반드시 칼을 잡은 손의 뒤쪽에서 칼을 잡은 손을 받쳐야 한다. 칼을 너무 세워서 사용하지 말고 45° 정도 눕혀서 어긋나게 새기는 것이 좋다.

- **둥근 조각도** : 굵은 선이나 점을 새길 수 있고 넓은 면을 파는 데 효과적인 도구로, 크기가 여러 가지이다.
- **세모 조각도** : 'V' 자 모양의 날카로운 선을 표현하는 도구로, 예리하고 가는 윤곽선을 만들거나 가늘고 섬세한 무늬를 새길 수 있다.

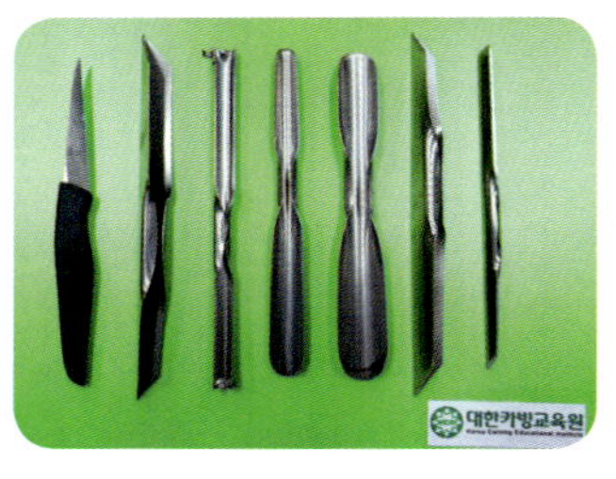

스텐 조각도

조각도와 함께 유용하게 사용하는 도구이다. 조각도는 사용감이 조금 투박하다면 스텐 조각도는 좀 더 섬세한 작업이 가능하다. 양쪽에 다른 크기의 형태를 가지므로 유용하게 사용할 수 있다.

다용도 조각칼

채소와 과일을 조각하는 데 있어 샤토나이프와 조각도에 이어 흔히 쓰인다. 용의 비늘이나 독수리의 날개 등을 표현할 때 좀 더 손쉽게 작업을 도와주는 도구이다.

원형 커터기

손쉽게 둥근 모양으로 잘라내는 도구로, 위에서 지긋이 눌러 사용한다. 재료의 크기에 따라 다양하게 둥근 모양을 만들 수 있다.

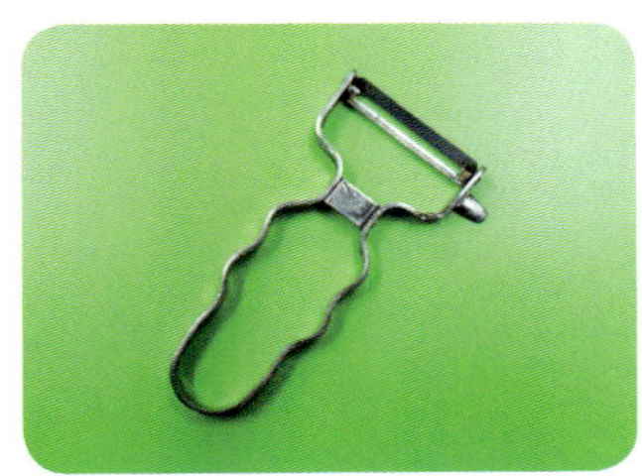

감자칼

채소 등의 껍질을 쉽게 벗길 수 있도록 고안된 칼이다. 칼날 가운데에 길쭉하게 홈이 나 있어 껍질을 벗길 채소의 표면에 대고 위에서 아래로 밀면 홈을 통해 껍질이 벗겨진다.

케이크칼

샤토나이프 외에 채소를 자를 수 있는 칼로, 어린아이들이 채소 카빙을 할 때 안정성과 소근육 발달에 도움을 준다.

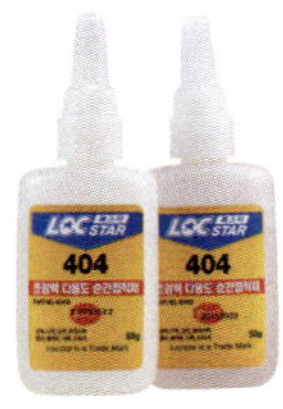

순간접착제

10~30초 내에 순간적으로 붙이는 접착제로, 채소 카빙 시 작품의 디자인에 따라 재료와 재료를 이어야 할 때 좀 더 자연스러운 느낌을 연출할 수 있다.

차례

주니어 카빙

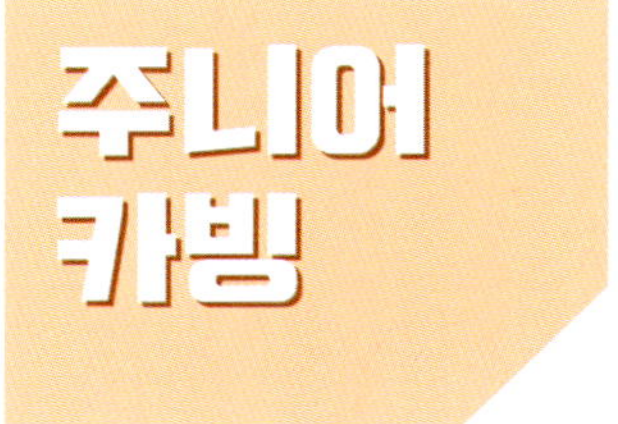

16

컬러 연탄 만들기

18

나뭇잎 만들기

20

무지개 만들기

22

오징어 만들기

24

공작 만들기

26

한글 자음 만들기

28

나침반 만들기

30

시계 만들기

32

나무 만들기

34

과일 피자 만들기

36

클로버 만들기

주니어 카빙

컬러 연탄 만들기

요즘에는 에너지를 얻기 위해 석유나 가스 등의 여러 자원을 이용하는데, 예전에 우리나라에서 연탄을 많이 사용하던 시기가 있었다.
본래 둥근 단면에 구멍이 숭숭 뚫린 까만 연탄이지만, 애호박으로 색색의 컬러 연탄을 만들어본다. 먼저 애호박의 둥근 단면을 이용해 연탄 모양을 만든 다음 여러 빛깔의 식용색소로 색을 입혀준다.

준비물

애호박, 칼, 둥근 조각도, 여러 빛깔의 식용색소, 색소용 그릇, 나무젓가락, 접시

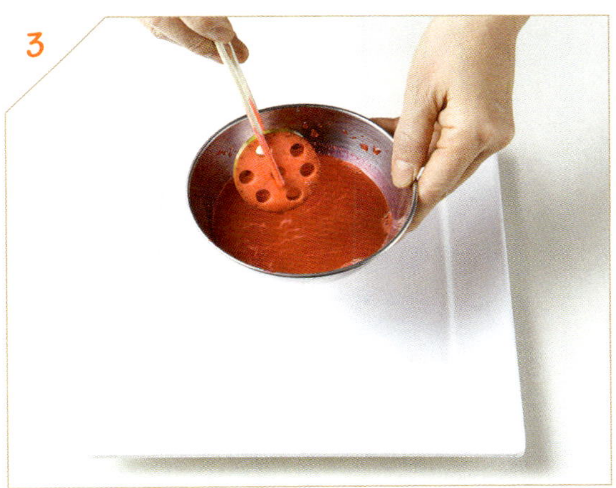

1. 애호박을 둥근 단면이 나오도록 가로로 썰어서 5개 정도 준비한다. 나박나박 얇게 썰면 색을 입히기 더 쉽다.

2. 둥근 조각도로 애호박에 구멍을 낸다. 가운데에 구멍을 만들고 나서 둘레에 6개의 구멍을 뚫어주면 된다.

3. 준비한 여러 빛깔의 식용색소를 물에 풀고 각각의 식용색소 물에 애호박을 10분 정도 담가둔다.

4. 애호박에 물이 들면 꺼내어 물기를 제거한 다음 접시에 예쁘게 담아낸다.

나뭇잎 만들기

여러 가지 모양의 나뭇잎을 생각해둔다.
얇게 썬 무에 여러 가지 모양의 나뭇잎을 그려넣고 조각도로 모양을 낸다.
식용색소를 이용해 초록빛 나뭇잎을 만든다.

무, 칼, 조각도, 초록색 식용색소, 색소용 그릇, 나무젓가락, 접시

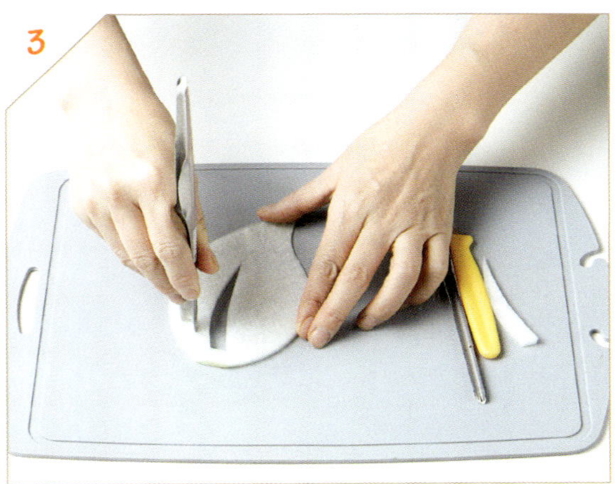

1. 무를 적당한 두께로 썰어 준비한다.

2. 1에서 준비한 무에 나뭇잎 모양을 그려넣고 위에서부터 아래까지 조각도로 모양을 낸다.

3. 나뭇잎 모양 무의 가운데에 칼집을 내고 잎맥을 표현해준다.

4. 초록색 식용색소를 물에 풀고 나뭇잎 모양 무를 식용색소 물에 10분 정도 담가둔다. 예쁘게 물들면 꺼내어 물기를 제거하고 접시에 담아낸다.

무지개 만들기

무를 적당한 두께로 썰고 원형 커터기를 이용하여 다양한 크기의 원을 만든다.
원 모양 무를 반으로 자르고 각각의 식용색소로 물을 들인 다음 모아서 무지개 모양
을 만든다.

준비물

무, 칼, 원형 커터기, 무지갯빛 식용색소, 색소용 그릇, 나무젓가락, 접시

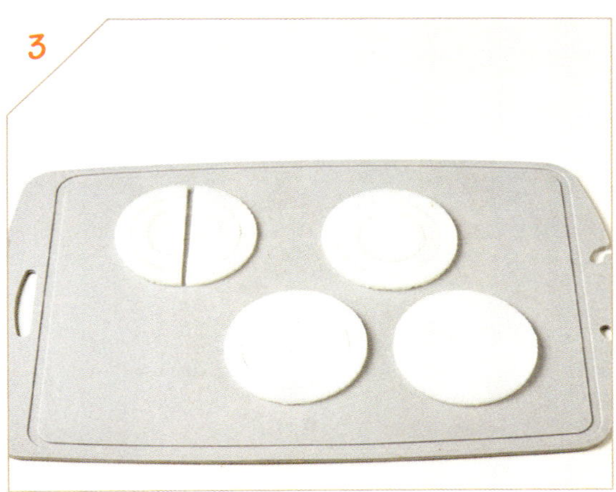

1. 무를 적당한 두께로 썰어서 4개 정도 준비해둔다.

2. 원형 커터기를 이용하여 무를 크기별로 둥글게 모양낸다.

3. **2**에서 준비한 무를 반으로 자른다.

4. 여러 가지 빛깔의 식용색소 물을 준비한다. 무를 크기별로 다른 빛깔의 식용색소 물에 넣어 물들인다. 여러 빛깔로 물이 든 무를 꺼내 물기를 제거한 다음 무지개 모양으로 모아서 접시에 담아낸다.

오징어 만들기

무를 얇게 썰어 오징어 몸통을 표현하고 당근은 오징어 다리를 표현할 수 있도록 여러 가닥으로 만든다.
래디시를 둥글게 잘라 오징어 눈을 표현해준다.

준비물

무, 당근, 래디시, 칼, 조각도, 접시

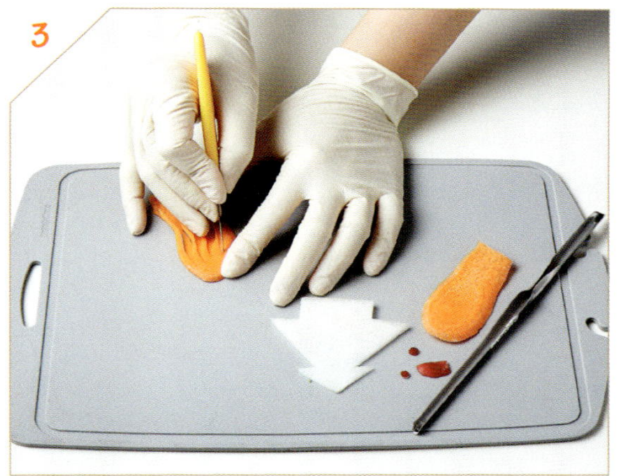

1. 무를 적당한 두께로 썰어둔다.

2. 당근은 세로로 길고 넓게 썰어서 준비한다.

3. 썰어둔 무로 오징어의 몸통 모양을 만들고 길고 넓게 썬 당근으로 오징어 다리를 만들어준다. 래디시를 둥글게 잘라내어 오징어 눈을 만든다.

4. 각각의 조각을 조립하여 완성한 오징어를 접시에 담아낸다.

공작 만들기

무와 당근을 얇게 썰어 여러 겹으로 겹쳐서 공작의 펼친 깃털을 표현한다.
무와 당근으로 깃털 모양을 만들고 식용색소로 물을 들인 다음, 색색의 깃털 모양을
모아 알록달록한 공작 깃털을 만든다. 무로 공작의 머리와 몸통 모양을 만들어 깃털
가운데에 두고 전체적인 모양을 만든다.

무, 당근, 비트, 칼, 조각도, 식용색소, 색소용 그릇, 나무젓가락, 접시

어떻게 만들까요?

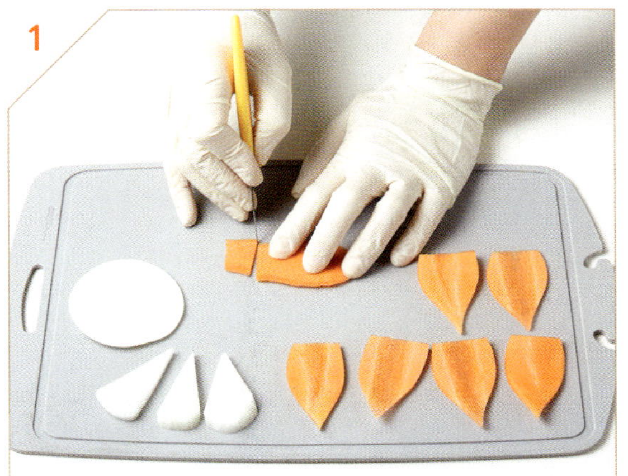

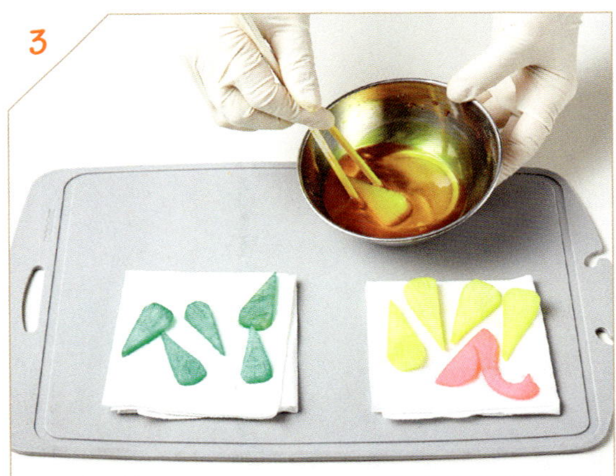

1. 무를 적당한 두께로 썰어서 물방울 모양으로 조각한다. 당근을 세로로 얇게 썰어 꽃잎 모양으로 조각한다.

2. 얇게 썬 무를 백조 모양(공작의 머리와 몸통을 표현)으로 조각한다.

3. 여러 빛깔의 식용색소 물을 준비하여 모양낸 무를 각각 다른 빛깔로 물들인다.

4. 접시 위에 당근 > 노란색 무 > 초록색 무 > 백조 순으로 올려서 공작 모양을 만든다.

한글 자음 만들기

무를 얇게 썰어 샤토나이프로 여러 가지 한글 자음 모양을 만들고 식용색소로 물들여 연출한다.

준비물

무, 칼, 샤토나이프, 식용색소, 색소용 그릇, 나무젓가락, 접시

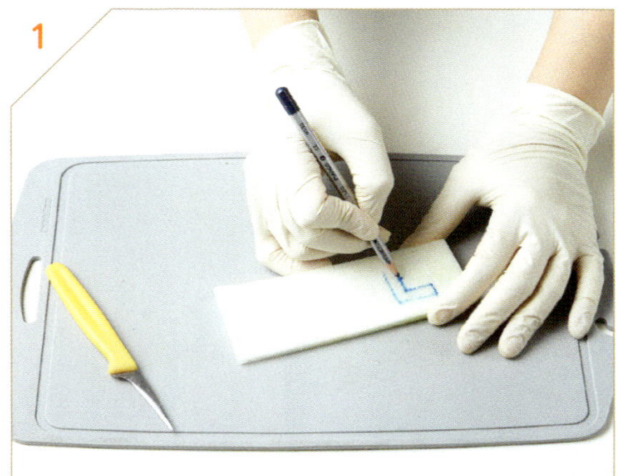 

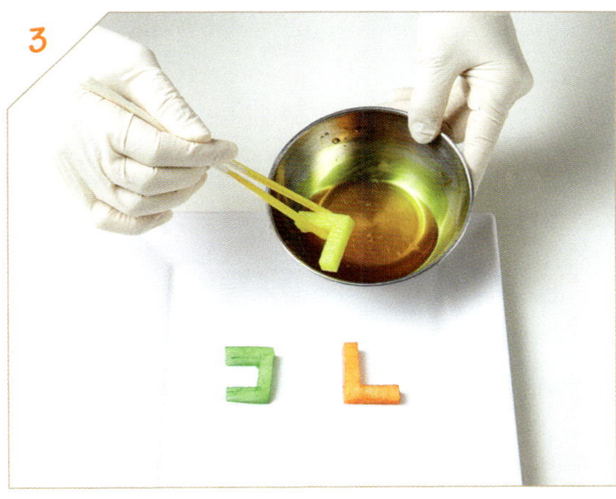 

1. 무를 세로로 얇고 넓게 썰어 준비한다. 얇고 넓게 썬 무 위에 ㄱ, ㄴ, ㄷ 모양을 그려넣는다.

2. 무 위에 그려진 모양대로 조각내어 준다.

3. 여러 빛깔의 식용색소 물을 준비하고 조각낸 자음 모양 무를 각각 다른 색으로 물들인다. 물이 들면 무를 건 져서 물기를 제거한다.

4. 접시 위에 ㄱ, ㄴ, ㄷ 순으로 담아낸다.

나침반 만들기

무를 얇게 썰고 원형 커터기를 이용하여 둥근 모양으로 만든다.
무 위에 나침반 바늘과 동서남북의 네 방향을 나타낼 수 있도록 당근과 주키니를 이용하여 표현한다.

준비물

무, 당근, 주키니, 칼, 원형 커터기, 샤토나이프, 둥근 조각도, 접착제, 접시

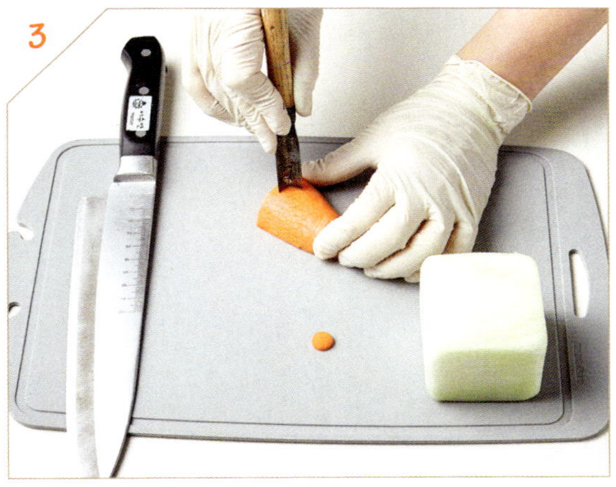

1. 무를 얇게 썰어 준비한다.

2. 원형 커터기를 이용하여 **1**의 무를 둥근 모양으로 만든다.

3. 둥근 조각도를 이용하여 당근을 둥글게 파낸다.

4. 주키니로 나침반 바늘과 방향을 가리키는 눈금 등을 만든다.

시계 만들기

무를 얇게 썰고 원형 커터기를 이용하여 둥글게 자른다.
당근과 주키니로 시계의 시간 표시 눈금과 시곗바늘 모양을 만들어준다.
이쑤시개를 이용하여 주키니 시곗바늘을 고정한다.

준비물

무, 당근, 주키니, 칼, 원형 커터기, 이쑤시개, 접시

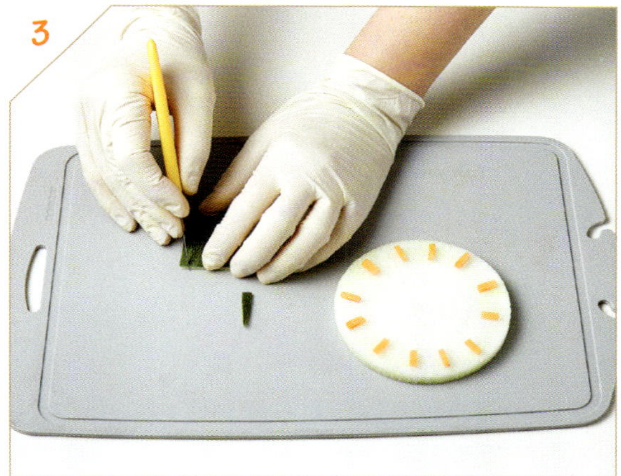 

1. 무를 적당한 두께로 썰고 원형 커터기를 이용하여 둥글게 모양낸다.

2. 당근을 얇게 썰어 시계의 눈금을 만들어준다.

3. 주키니 껍질을 이용하여 시곗바늘을 만든다. 준비한 무 시계판, 당근 시계 눈금, 주키니 시곗바늘을 조립하여 채소 시계를 완성한다.

4. 완성한 채소 시계를 접시 위에 올린다.

나무 만들기

무를 얇고 길게 썰고 조각도와 샤토나이프를 이용하여 나무 모양으로 만든다.
식용색소로 나무 모양에 색을 입힌다.
주키니와 당근을 얇게 썰어 나뭇잎 모양을 만든다.
파프리카 등의 채소를 이용하여 나뭇잎을 만들고 파슬리로 풀을 연출한다.

준비물

무, 주키니, 당근, 파프리카, 파슬리, 칼, 조각도, 샤토나이프,
식용색소, 색소용 그릇, 나무젓가락, 접시

1. 무와 당근을 얇고 넓게 썰어둔다. 얇게 썬 무를 나무 모양으로 조각한다.

2. 얇게 썬 당근을 나뭇잎 모양으로 조각내어 준다.

3. 주키니의 껍질 부분을 이용하여 나뭇잎을 만든다.

4. 식용색소 물을 준비하고 나무 모양으로 조각한 무를 물들인다. 나무 모양과 나뭇잎 모양 조각들을 조립하여 나무를 만든다.

과일 피자 만들기

수박을 얇게 썰어 피자 도우 모양을 만든다.
그 위에 여러 가지 과일과 채소, 건포도 등을 얹는다.
맨 위에 레인보우 설탕을 뿌려 모양을 낸다.
과일 피자를 조각내어 맛있게 먹는다.

준비물

수박, 사과, 오렌지, 오이, 파프리카, 건포도, 레인보우 설탕, 칼, 원형 커터기, 샤토나이프, 접시

1. 사과, 오렌지 등의 과일을 준비한다.

2. 껍질을 깨끗이 씻어 큐브, 슬라이스 등의 모양으로 자른다.

3. 수박을 얇게 썰고 원형 커터기로 모양내어 피자 도우로 사용한다. 오이와 파프리카, 건포도 등의 재료를 작게 잘라 피자 토핑을 준비한다.

4. 수박 도우 위에 과일과 채소 토핑을 올리고 레인보우 설탕을 살짝 뿌려 과일 피자를 완성한다.

클로버 만들기

무를 얇게 썰고 모양틀을 이용하여 네잎클로버 모양을 만든다.
여러 빛깔의 식용색소 물에 클로버를 담가 색을 입힌다.
예쁘게 물든 클로버를 접시에 담는다.

무, 칼, 네잎클로버 모양틀, 여러 빛깔의 식용색소, 색소용 그릇, 나무젓가락, 접시

 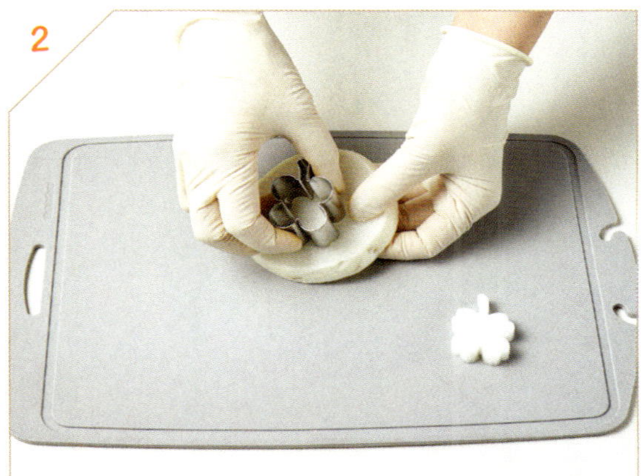

 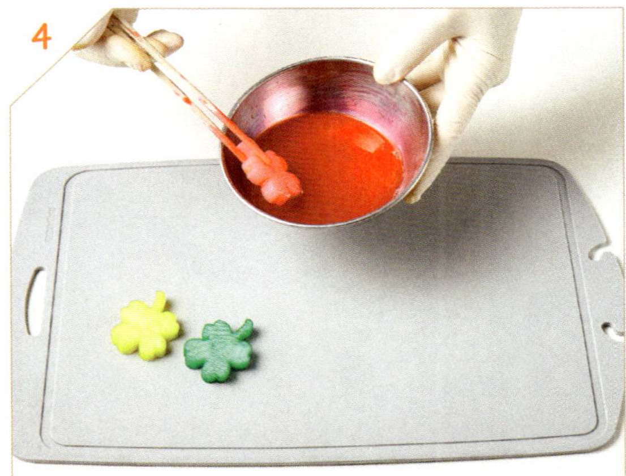

1. 무를 적당한 두께로 썰어둔다.

2. 네잎클로버 모양틀로 클로버 모양을 만들어준다.

3. 모양낸 네잎클로버 무를 3개 정도 준비한다.

4. 여러 빛깔의 식용색소를 물에 풀어 네잎클로버 무를 물들인 다음 물기를 제거해준다.

물고기 만들기

무를 얇게 썰어 물고기 모양의 틀로 모양을 낸다.
얇게 썬 무에 물고기 지느러미를 그려넣고 조각도와 샤토나이프를 이용하여 모양을
낸다. 물고기 몸통과 지느러미를 식용색소로 물들여 물고기 모양을 만든다.

<hr>

준비물

무, 주키니, 칼, 조각도, 샤토나이프, 식용색소, 색소용 그릇, 접시

1. 무를 적당한 두께로 썰어둔다.

2. 얇게 썬 무를 금붕어 모양으로 조각낸다.

3. 물고기 몸통 조각에 조각도를 이용하여 비늘 모양을 표현해준다.

4. 주키니를 이용하여 물고기 눈을 만들고 물고기 몸통과 지느러미를 각각 물들인 다음, 완성된 조각들을 조립하여 물고기를 만든다.

컬러 퍼즐 만들기

무를 얇게 썰고 네모로 잘라준다. 네모난 무를 7~10조각 정도로 나눈다.
자른 조각들을 여러 빛깔의 식용색소 물에 담가 각각 물들인다.
물들인 조각으로 퍼즐을 맞추어본다.

무, 칼, 샤토나이프, 식용색소, 색소용 그릇, 나무젓가락, 접시

 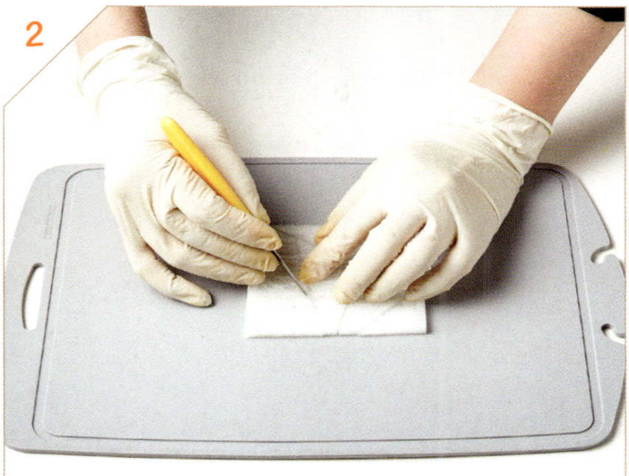

1. 무를 얇게 썰어 준비한다.

2. 얇게 썬 무를 직사각형으로 자른 다음 여러 조각으로 나눈다.

3. 여러 가지 빛깔의 식용색소를 이용하여 조각난 무에 색을 입힌다. 물들인 무 조각의 물기를 제거해준다.

4. 접시 위에 물들인 조각을 올려 직사각형 퍼즐을 맞춰준다.

다양한 공 만들기

무를 얇게 썰고 원형 커터기를 이용하여 공 모양을 연출한다.
여러 가지 공의 특징들을 생각하며 무에 조각을 한다.
여러 빛깔의 색소로 각각의 공을 물들인다.

무, 칼, 원형 커터기, 조각도, 샤토나이프, 식용색소, 색소용 그릇, 나무젓가락, 접시

1. 무를 적당한 두께로 썰어둔다.

2. 조각도를 이용하여 각기 다른 공 모양으로 조각하고 공 모양 무에 무늬를 새긴다.

3. 각기 다른 모양의 공을 여러 빛깔의 식용색소로 물들인 다음 물기를 제거한다.

4. 색색의 다양한 공을 접시 위에 올린다.

모형틀로 캐릭터 꾸미기

다양한 모형틀을 이용하여 원하는 모양을 찍어낸다.
다른 재료들을 이용하여 큰 모형에 올릴 부분 모양을 만들어본다.
큰 모형은 식용색소 물에 담가 색을 입힌다.
준비한 모형과 부분 모양을 모아 멋진 캐릭터를 만든다.

--- **준비물** ---

무, 여러 가지 채소, 칼, 다양한 모형틀, 조각도, 샤토나이프, 식용색소, 색소용 그릇, 접시

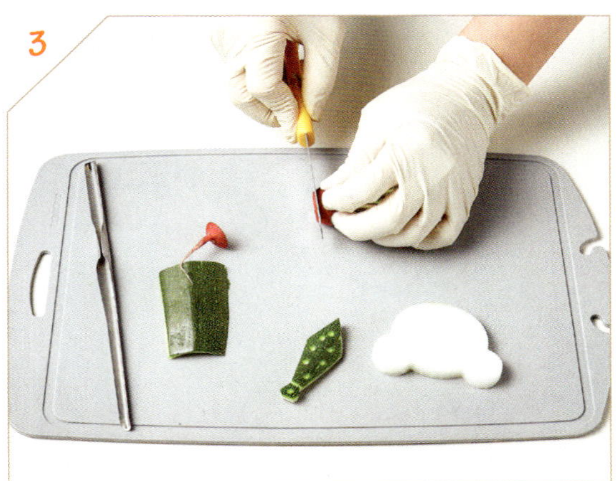

1. 무를 적당한 두께로 썰어 준비한다.

2. 썰어둔 무를 곰돌이 머리 모양으로 조각한다.

3. 주키니를 이용하여 곰돌이 귀, 입, 눈동자와 넥타이를 만든다. 래디시를 이용하여 곰돌이 눈을 만든다.

4. 준비한 조각들을 조립하여 넥타이를 맨 곰돌이 캐릭터를 완성한다.

눈·코·입 만들기

얼굴 중 눈, 코, 입의 모양을 생각하며 도안을 그린다.
눈은 모형틀로 모양을 내거나 샤토나이프를 이용하여 준비한다.
식용색소로 물을 들여 재미있는 표정을 연출해본다.

무, 주키니, 칼, 모형틀, 조각도, 샤토나이프, 식용색소, 색소용 그릇, 나무젓가락, 접시

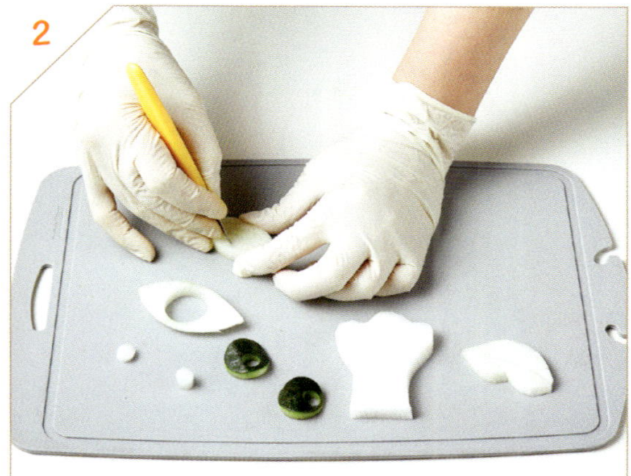

1. 무를 적당한 두께로 썰어둔다.

2. 썰어둔 무를 이용하여 눈, 코, 입 모양을 만들고 주키니로 눈동자 모양을 만든다.

3. 조각도로 눈, 코, 입 모양의 세부적인 무늬를 넣어준다.

4. 각기 다른 식용색소 물에 눈, 코, 입 조각을 담가 각각 물을 들인다. 물이 들면 조각의 물기를 제거한 다음 접시 위에 올려 얼굴을 완성한다.

넥타이 만들기

주키니의 껍질 부분과 당근을 이용하여 넥타이 모양을 만든다.
여러 가지 채소 넥타이에 다양한 무늬를 넣어 표현해본다.

준비물

주키니, 당근, 칼, 조각도, 샤토나이프, 접시

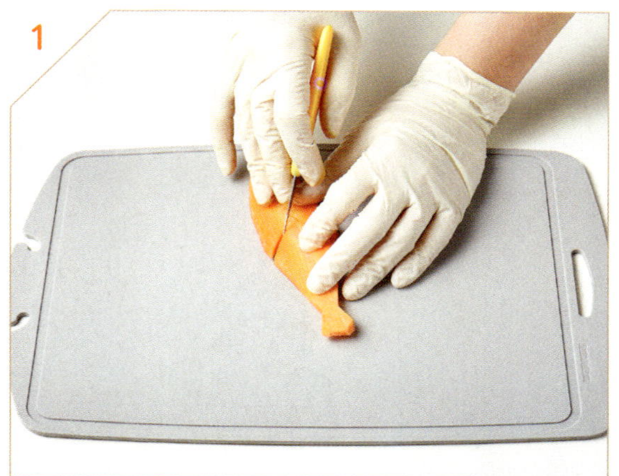 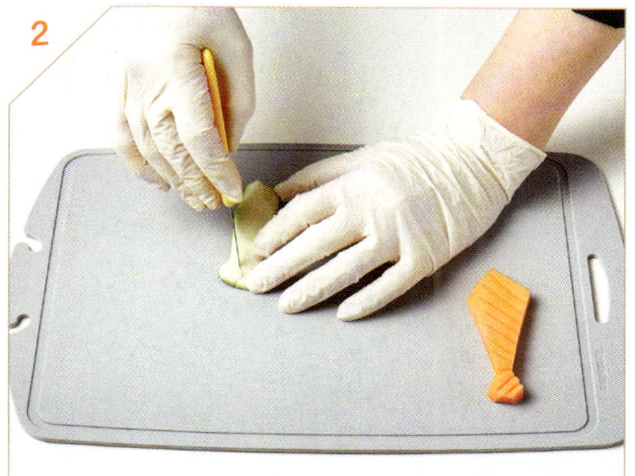

1. 당근을 세로로 길고 넓게 썰어둔다.

2. 주키니도 껍질 부분과 안쪽 부분을 세로로 넓게 썰어서 준비한다. 얇게 썬 당근과 주키니 조각을 넥타이 모양으로 조각낸다.

3. 가장 큰 주키니 넥타이에 둥근 구멍을 여러 개 내어 그 자리에 당근 조각을 넣어준다. 당근 넥타이와 주키니 껍질을 이용한 넥타이에는 칼집 무늬를 낸다.

4. 완성된 채소 넥타이를 접시 위에 올린다.

넥타이 만들기

공기놀이 만들기

무를 작게 조각내어 공기알 모양을 만든다.
조각도를 이용하여 공기알의 위와 아래에 모양을 낸다.
여러 빛깔의 식용색소로 물들여 연출한다.

무, 칼, 조각도, 샤토나이프, 식용색소, 색소용 그릇, 나무젓가락, 접시

1. 무를 깍둑썰기하여 정사각형 조각을 준비한다.

2. 샤토나이프를 이용하여 정사각형 무 조각의 모서리를 공기알 모양으로 다듬는다.

3. 둥근 조각도를 이용하여 공기알 모양 조각의 위와 아래에 모양을 낸다.

4. 여러 빛깔의 식용색소 물에 조각된 무를 담가두었다가 물이 들면 물기를 제거하고 접시 위에 올린다.

얼굴 표정 만들기

무를 원형 커터기로 잘라낸 얼굴 모양을 3개 정도 준비한다.
주키니를 이용하여 웃는 얼굴, 찡그린 얼굴, 우는 얼굴 등 여러 가지 표정을 만들어본
다. 무 얼굴 위에 각각의 조각을 올려 여러 가지 표정을 연출한다.

무, 주키니, 칼, 원형 커터기, 조각도, 샤토나이프, 접시

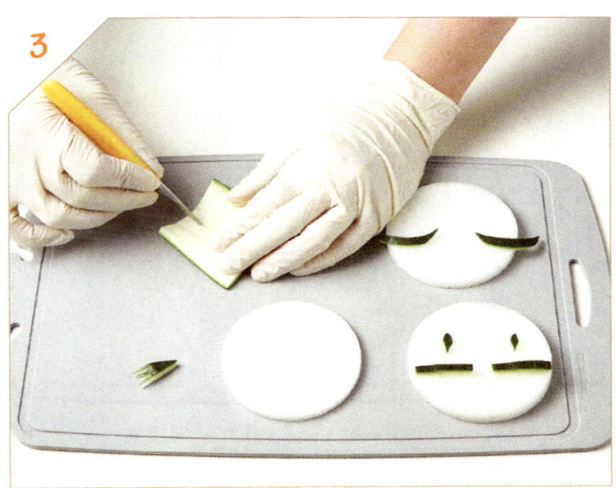

1. 무를 적당한 두께로 썰어둔다.

2. 원형 커터기를 이용하여 얼굴 모양을 만들어준다.

3. 주키니 껍질 부분으로 여러 가지 표정의 눈썹과 눈 모양을 조각한다.

4. 무 위에 주키니 눈썹과 눈으로 여러 가지 표정을 만들어 얼굴을 완성하고 접시 위에 올린다.

해·달·구름 만들기

무를 얇게 썰어 해, 달, 구름의 모양을 표현한다.
샤토나이프를 이용하여 해와 달을 만들고 둥근 조각도를 이용하여 구름을 만든다.

무, 칼, 둥근 조각도, 샤토나이프, 접시

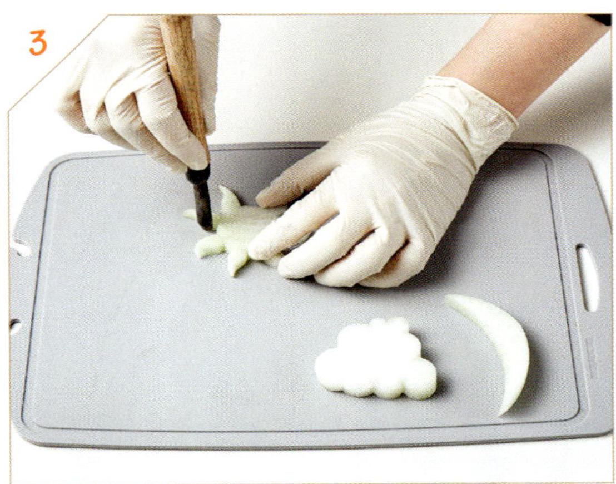

1. 가로로 얇게 썬 무를 여러 개 준비한다.

2. 둥근 조각도나 스텐 조각도를 이용하여 구름을 만든다. 여러 방향에서 둥근 모양으로 파내어 구름 모양을 표현한다. 초승달, 반달 등 여러 가지 모양의 달을 만든다.

3. 얇게 썬 무의 가운데를 원형 커터기로 살짝 눌러 해의 둥근 부분을 표현하고, 조각도를 이용하여 해의 이글거리는 부분을 표현한다.

4. 완성한 해와 달, 구름 등을 접시에 담아 연출한다.

주사위 만들기

무를 정사각형으로 자르고 둥근 조각도를 이용하여 모서리를 둥글게 다듬는다.
각 면에 1~6개의 둥근 홈을 판다.
각각의 홈을 주키니와 당근 조각으로 채워 주사위를 만든다.

준비물

무, 주키니, 당근, 칼, 둥근 조각도, 접착제, 접시

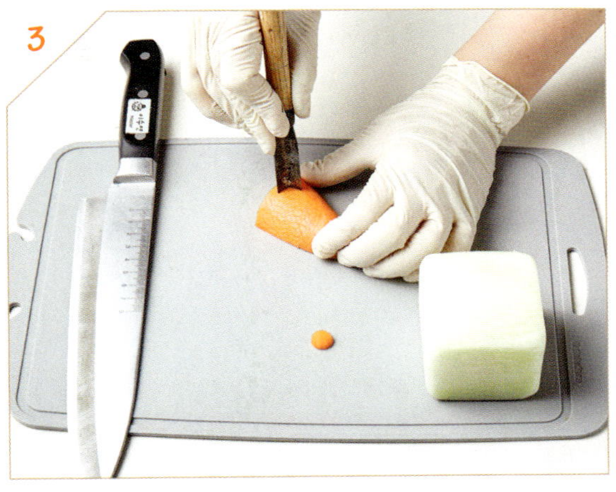

1. 무를 적당한 크기의 정사각형으로 잘라준다.

2. 둥근 조각도를 이용하여 정사각형의 모서리를 둥글게 다듬는다. 정사각형의 각 면에 1~6개의 둥근 홈을 낸다.

3. 둥근 조각도를 이용하여 주사위 눈으로 쓸 당근 조각을 둥글게 파낸다. 둥근 당근 조각을 여러 개 준비한다.

4. 둥근 조각도를 이용하여 주키니 껍질 부분을 둥글게 파낸다. 둥근 주키니 조각을 여러 개 준비한다.

5. 정사각형 무의 홈에 당근과 주키니 조각을 끼워넣어 주사위를 완성한다.

맷돌 만들기

맷돌은 우리나라의 전통 믹서기라고 할 수 있다.

무를 적당한 두께로 썰고 원형 커터기를 이용하여 둥근 모형을 두 개 만든다.

위쪽의 모형에 둥근 조각도를 이용하여 두 개의 구멍을 낸다.

하나는 맷돌 손잡이, 하나는 갈아야 하는 콩이 들어갈 구멍이다.

준비물

무, 당근, 주키니, 칼, 원형 커터기, 이쑤시개, 둥근 조각도, 접시

1. 무를 적당한 두께로 썰어 원형 커터기로 둥글게 잘라낸다. 맷돌의 위와 아래를 표현할 조각이므로 2개가 필요하다.

2. 조각도를 이용하여 당근 막대를 만든다. 무 조각 하나에 둥근 조각도를 이용하여 두 개의 구멍을 만들어준다.

3. 주키니의 껍질 부분으로 콩알 모양을 만든다.

4. 무 조각 두 개를 포개어 맷돌을 표현한다. 구멍 하나에 맷돌 손잡이를 끼우고 주키니 콩알은 다른 구멍 주위에 올려 맷돌을 완성한다.

큐브 만들기

무를 정사각형으로 잘라준다.
조각도를 이용하여 큐브 모양으로 조각한다.
식용색소를 푼 그릇에 정사각형의 한쪽 면이 살짝 잠기도록 넣어 색을 입힌다.
나머지 면도 같은 방법으로 물들인다.

준비물

무, 칼, 조각도, 식용색소, 접시

1. 무를 적당한 크기의 정사각형으로 자른다.

2. 조각도를 이용하여 정사각형의 모서리를 다듬는다.

3. 조각도를 이용하여 정사각형의 각 면에 큐브 모양으로 무늬를 낸다.

4. 여러 빛깔의 식용색소 물에 한쪽 면씩 살짝 담가 각기 다른 빛깔로 물들인 다음, 완성된 큐브를 접시 위에 올린다.

우체통 만들기

당근을 이용하여 우체통을 만들어본다.
직사각형으로 길게 자른 다음 조각도를 이용하여 둥글게 다듬는다.
우편물 투입구를 표현하기 위해 조각도와 샤토나이프로 모양을 낸다.
조각도를 이용하여 글자를 새긴다.

─── **준비물** ───

당근, 칼, 조각도, 샤토나이프, 접시

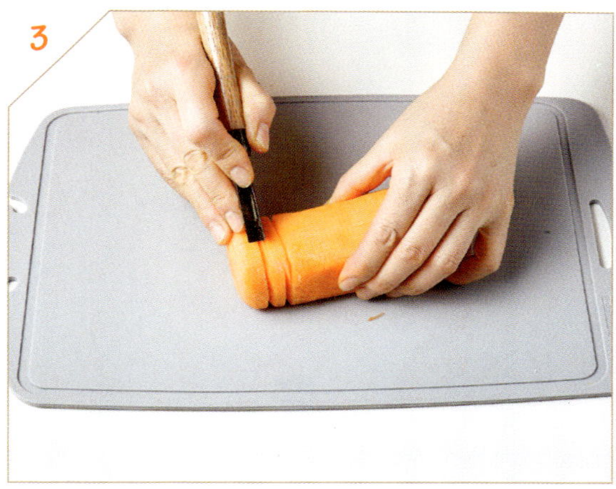 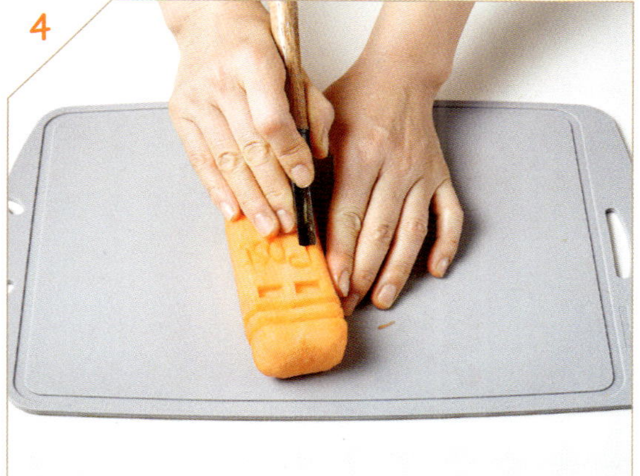

1. 당근을 직사각형으로 길게 자른다.

2. 둥근 조각도를 이용하여 직사각형 당근의 모서리를 다듬어준다.

3. 조각도로 칼집을 내어 전체적인 모양을 만든다.

4. 우편물 투입구를 만들고 'POST'라는 글자를 새겨 우체통을 완성한다.

하이 카빙

연근 만들기

애호박을 얇게 썰고 둥근 조각도를 이용하여 모양을 만든다.

샤토나이프를 이용하여 테두리를 모양낸다.

여러 가지 빛깔의 식용색소를 이용하여 애호박에 색을 입힌다.

연근 모양의 작품을 완성한다.

애호박, 칼, 샤토나이프, 둥근 조각도, 식용색소, 색소용 그릇, 나무젓가락, 접시

1. 애호박을 적당한 두께로 썰어 4개 정도 준비해둔다.

2. 둥근 조각도로 애호박의 가운데에 구멍을 내고 둘레에 6개 정도 구멍을 더 뚫어준다.

3. 샤토나이프를 이용하여 애호박 가장자리를 각지게 다듬는다.

4. 여러 빛깔의 식용색소 물에 애호박을 담갔다가 물이 들면 꺼내어 물기를 제거하고 접시 위에 올린다.

체스 사과 만들기

사과를 8조각으로 자른다.
사과 껍질 부분에 샤토나이프를 이용하여 체스 판 모양으로 칼자국을 넣는다.
씨가 있는 가운데 부분을 두껍게 잘라내어 체스 판 모양을 만든다.
갈변을 막기 위해 오렌지주스에 담갔다가 접시에 예쁘게 담아낸다.

준비물

사과, 칼, 샤토나이프, 오렌지주스, 접시

1. 사과의 윗부분과 아랫부분을 잘라낸다.

2. 사과를 반으로 자르고 반쪽을 다시 4등분한다.

3. 샤토나이프를 이용하여 껍질 부분을 체스 판 모양으로 만들어준다.

4. 오렌지주스에 담갔다가 접시 위에 올린다.

체스 사과 만들기

부엉이 만들기

무를 얇게 썰어 준비한다.
얇게 썬 무 조각으로 부엉이 모양을 만들어낸다.
부엉이 눈과 부리, 날개 부분을 만들고 식용색소로 물들여 각각의 특징을 표현한다.
전체를 한데 모아 부엉이를 완성한다.

준비물

무, 당근, 칼, 둥근 조각도, 샤토나이프, 식용색소, 색소용 그릇, 나무젓가락, 접착제, 접시

1. 무와 당근을 얇게 썰어 준비한다. 얇게 썬 무로 부엉이 모양을 만들어준다.

2. 얇게 썬 당근을 모양내어 부엉이 눈을 만들고 무로 눈동자와 부리, 날개를 만든다.

3. 무로 만든 눈동자, 부리, 날개를 식용색소에 담갔다가 꺼내어 물기를 제거한다. 부엉이 몸통 조각에 색을 입힌 무 조각과 당근 조각을 얹어 부엉이를 완성한다.

4. 완성한 부엉이 두 마리를 접시에 담아낸다.

슬리퍼 만들기

무를 신발 바닥 모양으로 잘라낸다.
멜론 껍질을 이용하여 슬리퍼 끈을 표현해준다.
주키니와 당근을 이용해 다른 모양의 슬리퍼를 만들어본다.
당근은 감자칼을 이용하여 둥글게 표현해본다.

무, 멜론 껍질, 주키니, 당근, 칼, 샤토나이프, 감자칼, 접착제

1. 무를 세로로 넓고 얇게 썰어 2장 정도 준비해둔다.

2. 얇게 썬 무를 신발 바닥 모양으로 조각낸다.

3. 멜론 껍질로 슬리퍼 끈을 만들어준다. 주키니 껍질 부분과 당근으로 다른 모양의 끈을 만들어본다.

4. 접착제를 이용하여 신발 바닥 모양 무에 슬리퍼 끈을 붙여준다.

토끼와 거북이

구연동화를 듣고 동화 속 동물을 상상한다.
토끼 모양과 거북이 모양을 구상한다.
각각의 모양을 내어 원하는 색소에 담갔다가 건진다.
모둠 수업 시간에 활용하면 좋다.

준비물

무, 당근, 주키니, 칼, 모형틀, 샤토나이프, 조각도, 식용색소, 색소용 그릇, 접시

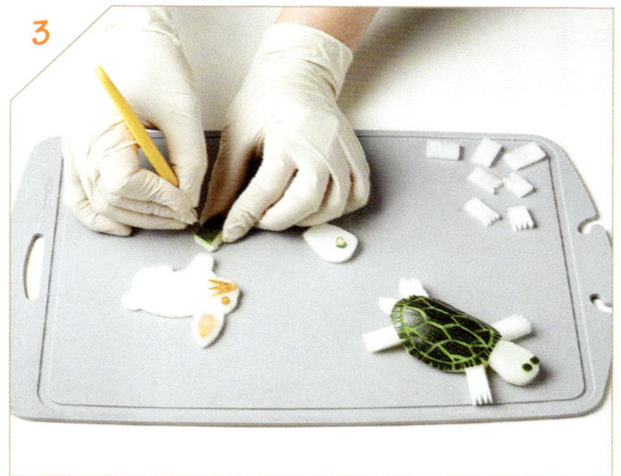

1. 무를 이용하여 토끼 모양과 거북이 머리, 다리, 꼬리 부분을 만들어준다. 주키니의 껍질 부분을 이용하여 거북이 등껍질 모양을 만들어준다.

2. 당근을 얇게 썰어 토끼의 귀를 만들어준다.

3. 무를 이용해 토끼의 눈과 수염을 만들어서 식용색소 물에 담근다.

4. 각 조각들을 조립하여 토끼와 거북이를 완성하고 접시에 담아낸다.

개구리 만들기

무를 얇게 썰어 각각의 형태로 모양낸다.
준비한 식용색소에 담가 각각의 부분에 색을 입힌다.
물들인 모형을 건져내어 접시 위에 올려서 웃고 있는 개구리를 표현해본다.

준비물

무, 칼, 조각도, 샤토나이프, 식용색소, 색소용 그릇, 나무젓가락, 접시

1. 무를 적당한 두께로 썰어둔다.

2. 썰어둔 무를 이용하여 개구리의 눈, 입, 배, 다리 부분을 만들어준다.

3. 준비된 조각들을 각각 식용색소 물에 담가 색을 입혀준다. 물이 든 조각들을 꺼내어 물기를 제거하고 개구리 모양으로 조립한다.

4. 완성한 개구리를 접시에 담아낸다.

이름 도장 만들기

무를 둥글게 잘라낸다.
컬러 펜을 이용하여 무 조각에 이름을 반대로 써준다.
이름 부분이 도드라지도록 나머지 부분을 샤토나이프로 파내어 도장 모양으로 만들어준다. 컬러 펜으로 글자 부분에 덧발라 종이에 찍어본다.

준비물

무, 칼, 원형 커터기, 조각도, 샤토나이프, 컬러 펜, 종이, 접시

1. 무를 두껍게 썰고 원형 커터기를 이용하여 원기둥 모양을 만든다.

2. 원기둥 무 조각 위에 자신이 원하는 글자를 반대로 써준다.

3. 글자를 제외한 나머지 부분을 파내어 글자 부분이 도드라지도록 한다.

4. 완성된 도장의 글자 부분을 컬러 펜으로 칠해 도장을 찍어보고 접시에 담아낸다.

이름표 만들기

무를 얇게 썰어 네모나게 자른다.
주키니와 당근 등 여러 빛깔의 채소에 이름을 쓰고 글자 모양대로 자른다.
접착제를 이용하여 무 조각에 이름을 붙인다.
무 이름표에 둥근 조각도로 구멍을 뚫고 목에 걸 수 있도록 끈을 꿴다.

준비물

무, 주키니, 당근, 칼, 샤토나이프, 둥근 조각도, 접착제, 끈, 접시

1. 무를 넓고 얇게 썰어 직사각형으로 자른다.

2. 주키니와 당근을 이용하여 이름표에 붙일 글자를 만들어준다.

3. 둥근 조각도를 이용하여 무 이름표의 왼쪽 위와 오른쪽 위에 구멍을 뚫어준다.

4. 이름표에 글자를 붙이고 구멍에 끈을 꿰어 연결한다.

사자 만들기

무를 얇게 썰어 여러 개 준비한다.
원형 커터기와 조각도를 이용하여 모양을 낸다.
각각의 형태를 만든 다음 식용색소 물에 담갔다가 건져낸다.
각 부분을 조립하여 사자를 완성한다.

준비물

무, 파슬리, 칼, 원형 커터기, 조각도, 샤토나이프, 식용색소, 색소용 그릇, 나무젓가락, 접시

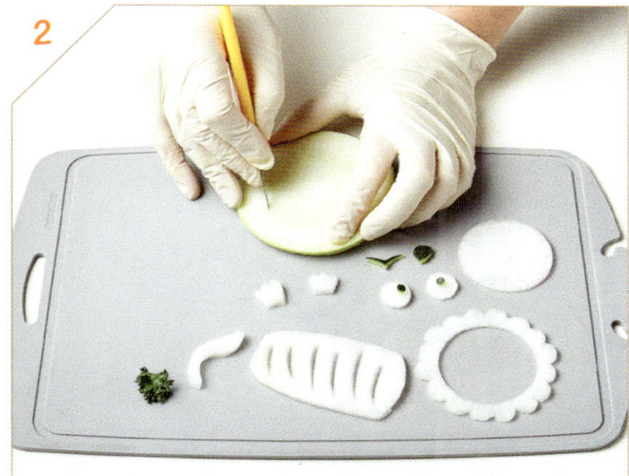

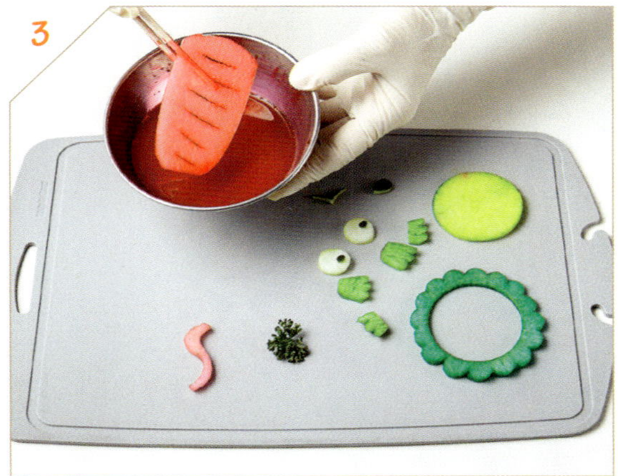

1. 무를 적당한 두께로 썰어서 준비한다.

2. 무 조각으로 사자의 얼굴, 갈기, 눈, 몸통, 다리, 꼬리 등 각 부분을 모양내어 만든다. 주키니로 눈동자와 코, 입을 만든다. 꼬리의 털은 파슬리로 표현한다.

3. 각 부분을 여러 빛깔의 식용색소 물에 담가 색을 입힌다.

4. 물이 든 조각을 조립하여 사자 모양을 완성하고 접시 위에 올린다.

냄비 만들기

무를 두껍게 썰어 아랫부분이 좁아지게 적당한 크기로 둥글게 잘라낸다.

조각도를 이용하여 안쪽을 파낸다.

원형 커터기로 뚜껑 부분을 만들어준다.

각각의 부분을 식용색소 물에 담가 다양한 색감을 연출해준다.

준비물

무, 칼, 원형 커터기, 샤토나이프, 조각도, 식용색소, 색소용 그릇, 접착제, 접시

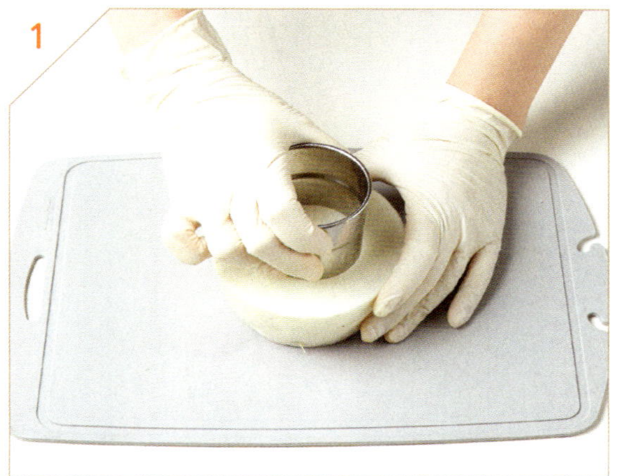 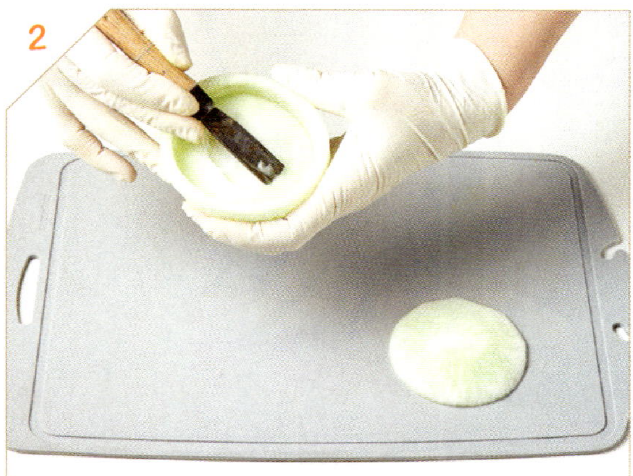

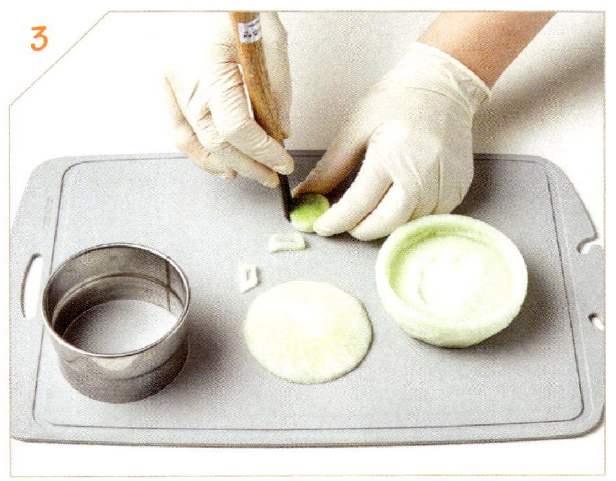 

1. 무를 적당한 두께로 썰고 원형 커터기를 이용하여 원기둥 모양으로 만든다.

2. 조각도를 이용하여 무의 속을 파낸다. 냄비 뚜껑 모양도 만들어준다.

3. 무를 이용하여 냄비 손잡이를 만들어준다.

4. 여러 빛깔의 식용색소를 준비하여 뚜껑과 냄비, 손잡이를 각각 다른 색으로 물들인 후 물기를 제거하고 조립한다.

태극기 만들기

무를 얇게 썰어 펄럭이는 깃발 모양으로 잘라놓는다.
주키니의 껍질 부분을 이용하여 깃대를 만든다. 당근을 이용하여 깃봉을 만든다.
무로 태극 모양을 만들고 식용색소와 컬러 펜으로 태극 모양에 색을 입힌다.
주키니의 껍질 부분으로 태극기의 사괘를 만든다.

<hr>

준비물

무, 당근, 주키니, 칼, 샤토나이프, 원형 커터기, 식용색소,
색소용 그릇, 나무젓가락, 컬러 펜, 접착제, 접시

1. 무를 적당한 두께로 썰어둔다.

2. 썰어둔 무를 펄럭이는 깃발 모양으로 자르고 가운데 태극 부분을 둥글게 잘라낸다.

3. 태극 모양을 빨간색 부분과 파란색 부분으로 나누고 주키니의 껍질 부분을 이용하여 태극기의 사괘를 만든다. 주키니의 껍질 부분으로 깃대를 만들고 당근으로 깃봉을 만든다.

4. 식용색소를 이용하여 태극 모양을 빨간색과 파란색으로 물들인다. 접시 위에 각 부분을 올려 조립한다.

태극기 만들기

당근 나비 만들기

당근을 얇게 썰어둔다. 얇게 썬 조각의 가운데에 두께로 칼집을 내어 나뉘게 하고 끝
부분은 떨어지지 않게 한다.
무를 이용하여 바위를 표현하고 당근 나비가 날아 앉은 모습을 연출한다.

당근, 무, 파슬리, 칼, 조각도, 샤토나이프

1. 당근을 얇게 썰어 준비한다. 두께로 칼집을 내는데, 끝까지 자르지 않고 1/5 정도 남겨 끝부분이 떨어지지 않게 한다.

2. 당근 조각에 나비의 더듬이 부분을 만들어준다.

3. 당근 조각에 날개 모양으로 칼집을 낸다.

4. 당근 나비의 날개를 펼쳐 예쁜 나비를 완성한다.

✚ **무 바위 만들기:** 무를 조각도로 불규칙하게 잘라내어 바위 모양을 만든다. 무를 세워서 'S' 자 모양으로 잘라내면 좋다.

이모티콘 만들기

좋아하는 이모티콘을 준비한다.
무를 얇게 썰어 준비한 이모티콘 모양을 그려넣는다.
샤토나이프를 이용하여 이모티콘의 형태로 자른다.
컬러 펜으로 이모티콘의 특색 있는 부분을 칠하여 완성한다.

준비물

무, 칼, 샤토나이프, 조각도, 컬러 펜, 접시

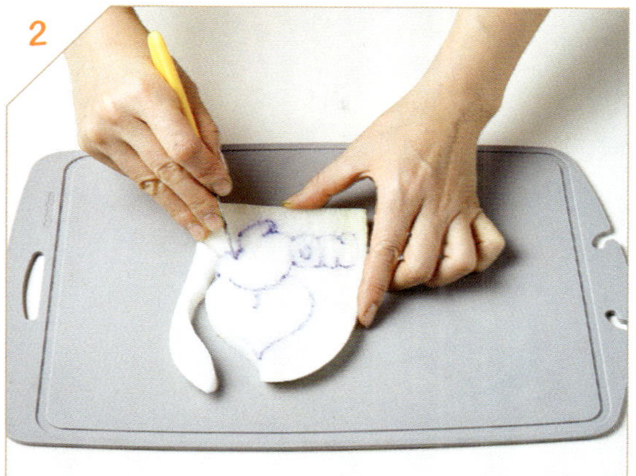

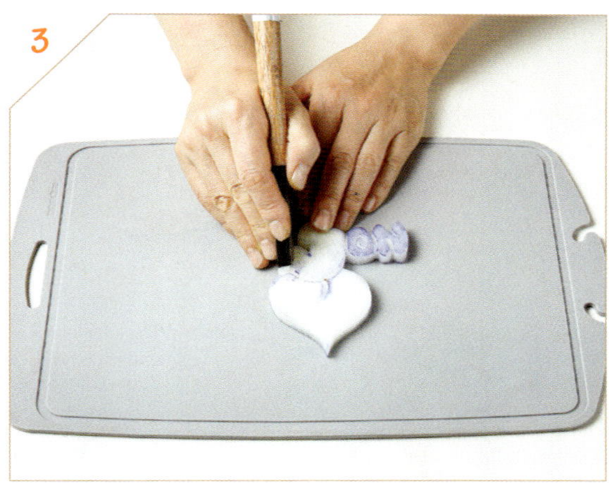

1. 무를 넓고 얇게 썰어둔다. 준비한 이모티콘 모양을 무 위에 그려준다.

2. 샤토나이프를 이용하여 그림 모양대로 조각낸다.

3. 조각도를 이용하여 세밀한 부분을 다듬고 무늬를 낸다.

4. 완성된 모양을 접시에 담아낸다.

모기향 만들기

무를 얇게 썰어 준비한다.
무에 모기향 모양을 그려준다. 가운데를 기점으로 같은 모양을 그려준다.
그림 모양대로 무를 잘라 두 개로 분리한다.

준비물

무, 칼, 샤토나이프, 컬러 펜, 접시

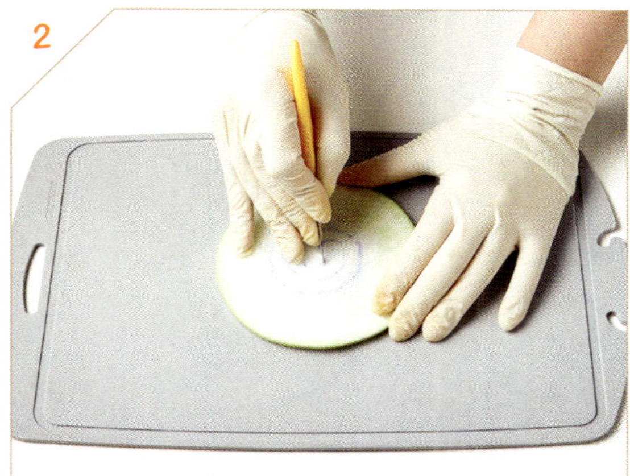

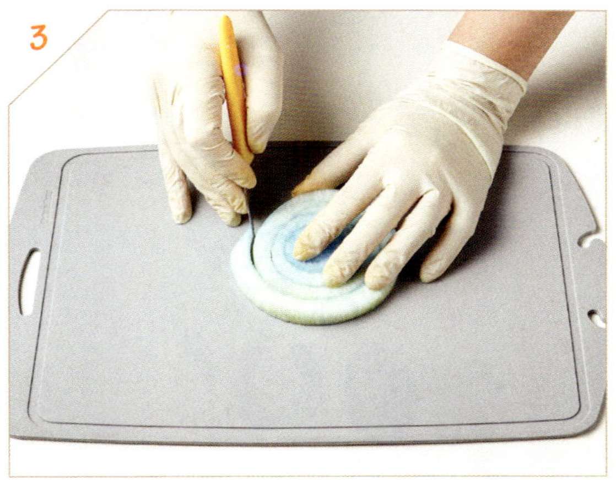

1. 무를 얇게 썰어둔다.

2. 얇게 썬 무 위에 가운데부터 회오리 모양을 그려준다.

3. 샤토나이프를 이용하여 **2**에서 그린 모양대로 잘라낸 다음 두 개로 분리한다.

4. 완성된 모기향을 접시에 담아낸다.

과일 만들기

무를 얇게 썰어 준비한다.
사과의 모양으로 잘라 식용색소에 담가놓는다.
원형 커터기로 포도알 모양을 만들어 식용색소에 담갔다가 포도 모양으로 조립한다.
주키니의 껍질 부분으로 잎사귀를 표현한다.

무, 주키니, 칼, 식용색소, 원형 커터기, 샤토나이프

1. 무를 적당한 두께로 썰어 준비한다.

2. 썰어둔 무를 샤토나이프를 이용하여 사과 모양으로 조각한다. 작은 원형 커터기나 둥근 조각도를 이용하여 포도알 모양을 만든다. 주키니 껍질 부분을 이용하여 잎사귀를 만든다.

3. 각각의 과일 조각에 식용색소로 알맞은 색을 입힌다.

4. 사과와 포도 모양으로 조립하여 접시에 담아낸다.

채소 쌈 만들기

감자칼을 이용하여 주키니를 세로로 얇게 썰어둔다.
파프리카와 당근을 채썰어 준비한다.
얇게 썬 주키니 위에 채썰어 둔 채소를 올리고 돌돌 말아 연출한다.
접시 위에 예쁘게 담는다.

주키니, 무, 당근, 오이, 파프리카, 칼, 감자칼, 접시

1. 무를 길고 가늘게 채를 썰어둔다.

2. 당근을 길고 가늘게 채를 썬다.

3. 감자칼을 이용하여 주키니를 세로로 길고 얇게 썬다. 오이, 빨간 파프리카, 노란 파프리카를 채썰어 둔다. 주키니 포를 펴고 그 위에 당근, 무, 파프리카, 오이를 올려 김밥처럼 말아준다.

4. 완성한 채소말이를 접시에 담아낸다.

꽃잎 만들기

얇게 썬 무 가운데에 둥근 모양을 그리고 둘레에 8개의 꽃잎을 그려준다.
가운데 둥근 부분의 테두리를 약간 파내고 샤토나이프를 이용하여 꽃잎을 잘라낸다.
다양한 채소를 활용하여 만들 수 있다.

준비물

무, 칼, 샤토나이프, 접시

1. 무를 적당한 두께로 썰고 원형 커터기를 이용하여 가운데에 뚫리지 않도록 자국을 낸다.

2. 원형 커터기 자국의 바깥 테두리 부분을 살짝 잘라내어 턱을 만든다.

3. 무를 8등분하여 꽃잎 8장을 그려넣는다.

4. 샤토나이프를 이용하여 꽃잎 테두리선을 따라 자른다.

베트남 국기

무를 얇게 썰어 펄럭이는 깃발 모양으로 잘라낸다. 국기 중 컬러 부분은 식용색소에 담가 색을 입힌다.
오이의 껍질 부분을 가늘고 길게 잘라 깃대로 만들어준다. 당근으로 깃봉을 만든다.
각각의 재료가 준비되면 접시 위에 올려 모양을 잡아준다.

준비물

무, 오이, 당근, 칼, 식용색소, 색소용 그릇, 나무젓가락, 접시, 샤토나이프

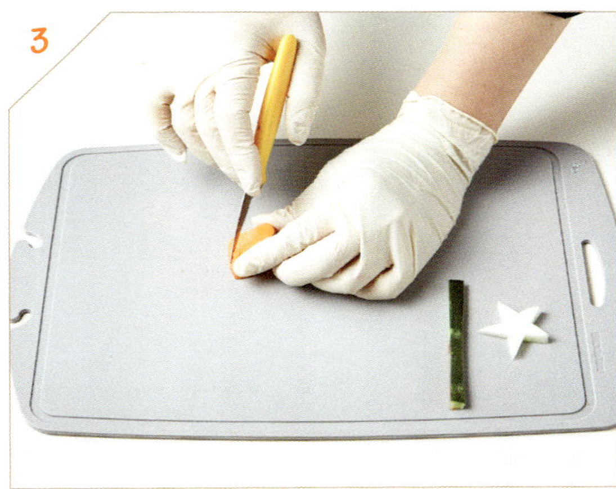

1. 무를 적당한 두께로 썰어 펄럭이는 깃발 모양으로 잘라낸다. 무 깃발의 가운데에 별 모양을 조각한다.

2. 오이의 껍질 부분으로 깃대를 만들어준다.

3. 당근을 물방울 모양으로 조각해 깃봉을 만들어준다.

4. 깃발은 빨간색으로, 별 모양은 노란색으로 물들이고, 완성된 조각들을 조립하여 베트남 국기를 만든다.

멜론 과일바구니 만들기

멜론 윗부분에 리본 모양을 구상한다.

세모 조각도를 이용하여 리본 모양을 만들고 나머지 부분은 잘라낸다.

멜론 바구니에 다른 과일을 넣어 완성한다.

멜론, 방울토마토, 파슬리, 조각도, 샤토나이프, 접시

1. 조각도와 샤토나이프를 이용하여 멜론 윗부분에 리본과 바구니 손잡이 모양을 조각한다.

2. 리본과 바구니 손잡이 모양을 잘라내고 멜론 속을 파내어 바구니 모양으로 만든다.

3. 멜론 과육을 잘라 바구니에 넣고 방울토마토와 파슬리로 장식한다.

4. 완성한 멜론 과일바구니를 접시에 담아낸다.

당근 새우 만들기

당근을 두껍게 썰어 준비한다.
조각도를 이용하여 큰 틀을 잡아준다.
샤토나이프를 이용하여 필요없는 부분을 잘라낸다.
새우 더듬이를 만들어 붙인다.
무로 바위를 만들고 그 위에 새우를 표현한다.

당근, 파슬리, 칼, 샤토나이프, 조각도, 접시

1. 당근을 적당한 두께로 길게 썰어둔다.

2. 샤토나이프를 이용하여 당근 조각에 새우 머리 모양과 몸통 모양으로 칼집을 넣어 새우를 만든다.

3. 1에서 남은 당근 조각에 조각도를 이용하여 더듬이를 만들고 새우 머리에 붙인다.

4. 무로 바위를 표현하고 새우를 바위 위에 얹어 파슬리로 장식한다. 완성한 작품을 접시에 담아낸다.

✚ **무 바위 만들기:** 무를 조각도로 불규칙하게 잘라내어 바위 모양을 만든다. 무를 세워서 'S' 자 모양으로 잘라내면 좋다.

오렌지 볼 만들기

오렌지의 윗부분과 아랫부분을 잘라낸다.
속을 파내고 아래쪽을 막아준다.
파낸 오렌지 안에 오렌지 과육을 넣고 예쁜 삼각 모형, 꽃잎 모형 등 다양한 모양으로
장식한다.

준비물

오렌지, 체리, 파슬리, 칼, 샤토나이프, 조각도, 장식품, 접시

1. 오렌지의 위와 아래를 잘라내고 속을 파낸다.

2. 1에서 잘라낸 오렌지 윗부분을 꽃 모양으로 조각내어 뚜껑을 만들어준다.

3. 속을 파낸 오렌지 볼에 오렌지 과육을 넣고 접시 위에 올린다. 오렌지 볼 뚜껑도 올려준다.

4. 체리와 파슬리, 여러 가지 장식품으로 장식하여 완성한 작품을 접시에 담아낸다.

오렌지 볼 만들기

맨드라미 만들기

무를 얇게 썰어 준비한다.
얇게 썬 무를 여러 개 모아서 끝부분이 잘리지 않게 칼집을 낸다.
칼집을 낸 무 조각을 한 장씩 돌돌 말아놓는다.
나무젓가락에 그린테이프를 감아 꽃대를 만들고 주키니로 만든 잎을 붙여 연출한다.
무로 만든 모형에 색을 입혀 맨드라미 모양을 더욱 돋보이게 한다.

준비물

무, 주키니, 파슬리, 칼, 샤토나이프, 식용색소, 나무젓가락, 그린테이프, 접시

1. 무를 얇게 썰어 준비한다.

2. 얇게 썬 무에 가늘게 칼집을 넣어준다.

3. 2의 조각을 한 장씩 돌돌 말아놓는다. 나무젓
   가락에 그린테이프를 감아 꽃대를 만들고 주
   키니 껍질 부분으로 잎사귀를 만들어 붙인다.

4. 맨드라미 모양으로 만든 무를 식용색소 물에
   담가 색을 입힌다.

5. 완성한 작품을 접시에 담아낸다.

모둠 꽃 만들기

청경채, 당근, 애호박 등을 활용하여 꽃을 만든다.
편식하는 아이들이 채소로 꽃을 만드는 활동을 하면서 채소와 친해질 수 있다.

청경채, 당근, 애호박, 칼, 샤토나이프, 조각도, 접시

1. 청경채의 잎 부분을 잘라내고 밑동만 준비해
둔다.

2. 당근을 손질하고 칼집을 넣어 꽃을 만들어준다.

3. 애호박을 적당히 잘라 껍질 부분과 안쪽에 칼
집을 넣어 꽃 모양을 만든다.

4. 청경채 밑동을 다듬고 칼집을 넣어 꽃 모양을
만든다.

5. 완성한 작품을 접시에 담아낸다.

모둠 꽃 만들기

마늘종 대나무 만들기

샤토나이프를 이용하여 마늘종 양쪽에 지그재그로 칼집을 넣어준다.
물에 담가 칼집이 적당히 벌어지면 주키니에 구멍을 내어 마늘종을 세워본다.
방울토마토와 파슬리 등을 곁들여 장식한다.

마늘종, 주키니, 방울토마토, 파슬리, 칼, 샤토나이프, 둥근 조각도, 접시

1. 마늘종을 적당한 길이로 잘라준다.

2. 마늘종에 지그재그로 칼집을 넣어준다.

3. 칼집을 넣어준 곳을 펴서 대나무를 만든다.

4. 주키니를 적당한 길이로 자르고 양쪽 끝부분에 둥근 조각도를 이용하여 구멍을 낸다.

5. 마늘종 대나무를 주키니 구멍에 꽂아 완성한 작품을 접시 위에 올린다.

볼링핀과 볼링공 만들기

무를 도톰하게 썰어 준비한다.
볼링핀과 손가락이 들어가는 볼링공을 만든다.
식용색소에 담가 색을 입혀서 선명하게 보이도록 한다.

무, 당근, 칼, 조각도, 샤토나이프, 식용색소, 접시

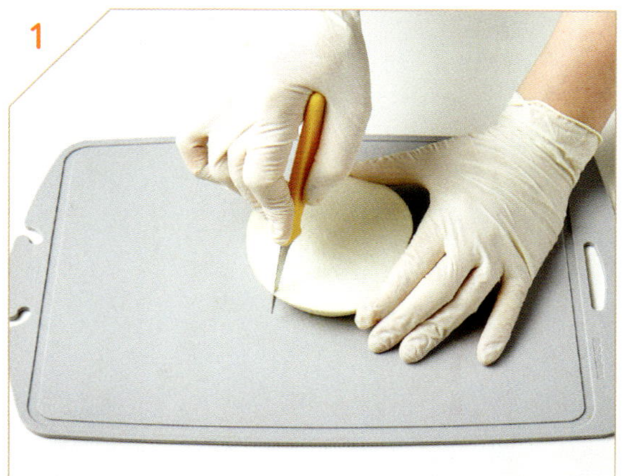 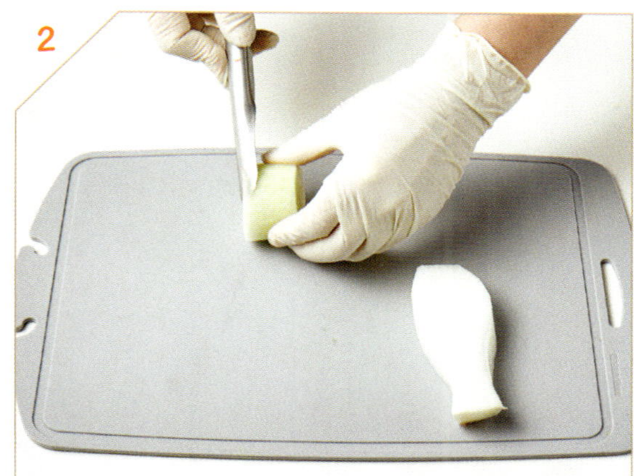

1. 무를 적당한 두께로 썰어둔다. 무를 정사각형으로 잘라둔다.

2. 적당한 두께로 썰어둔 무를 볼링핀 모양으로 조각한다. 둥근 조각도를 이용하여 정사각형 무를 공 모양으로 만든다.

3. 당근을 아주 얇게 썰어 볼링핀의 띠를 만든다. 공 모양 무를 식용색소 물에 담가 색을 입힌다.

4. 볼링핀에 띠를 둘러주고 접시 위에 올린다. 볼링핀 앞쪽에 물들인 볼링공을 올려준다.

사과 돛단배 만들기

사과를 4조각으로 자른다.
가운데 부분을 사선으로 점점 크게 잘라낸다.
중간 부분을 잘라 옆으로 밀어서 공간을 넓힌다.
사과 껍질로 돛대를 표현하여 사과로 만든 배 안에 넣어준다.

준비물

사과, 래디시, 체리, 파슬리, 칼, 이쑤시개, 장식물, 접시

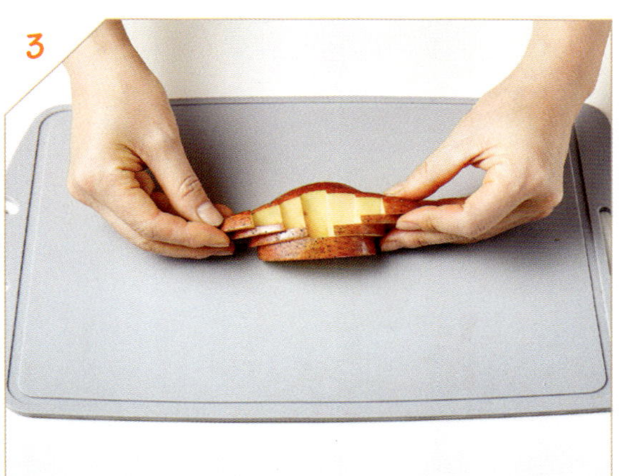

1. 사과를 4등분하여 준비한다.

2. 사과 조각의 양쪽으로 칼집을 넣어준다.

3. 칼집을 넣어준 곳을 넓게 펼쳐준다.

4. 래디시를 얇게 썰어 준비하고, 장식우산과 체리를 이용하여 꾸며준다.

5. 완성한 작품을 접시 위에 올린다.

나비 장식 만들기

수박 껍질에 나비 모양의 종이를 붙인다.
샤토나이프를 이용하여 나비 모양대로 잘라낸다.
세밀하게 다듬어 나비 모양을 완성한다.
예쁘게 자른 과일 위에 장식한다.

준비물

수박 껍질, 나비 모양의 종이, 테이프, 샤토나이프

1. 수박 껍질 위에 나비 모양의 종이를 올려놓고 나비 모양에 맞춰 잘라낸다.

2. 날개와 더듬이 등을 모양대로 조각한다.

3. 나비의 날개 무늬를 세밀하게 다듬어준다.

4. 나비 완성.